蝶遊撮影記

くめなんの蝶

岸清巳

シルビアシジミ　オス
2017年8月15日

はじめに

　私は生まれも育ちも久米南町です。蝶に興味を持つようになったのは、中学3年の夏くらいに、近所の友達と弟で昆虫採集を始めたのが始まりです。それから高校生になったときに、倉敷昆虫同好会の存在を知り、採集したさまざまな蝶の標本を図鑑で調べながら、名前を書いて同好会に送付しました。このことが、蝶と長く付き合うきっかけになりました。そして、このとき同好会に所属されていた私の先生、難波通孝さんと出会えたことが、子どもの頃の大きな出来事でした。標本の作り方から蝶の同定のポイントや観察の方法などを勉強することができました。社会に出てからは、蝶との関わりは遠く離れてしまいましたが、それから歳を重ね還暦近くなってくると、何か始めたいと考えるようになり、蝶々の記憶が頭の中に浮かび上がりました。そこから、難波さんに「蝶の撮影を始めてみたい」と相談（笑）しました。以来、カメラのレンズを通して撮影することは、私にとっての新しい挑戦になりました。

　さて、私のカメラでの撮影は、2013年5月頃から、オリンパスのミラーレスカメラEP-L5のデジタル一眼カメラと60ミリマクロレンズから始まりました。それからはオリンパスのカメラも何台か代替わりして、現在はOMD-EM1MIIとMIIIを使用しています。撮影に関しての大きな出来事は、難波さんの紹介で小笠原隆文さんと出会えたことです。カメラのこと、写真のことをとてもよくご存知で、経験豊富で玄人な蝶の写真撮影をされている方でした。蝶の撮影の仕方、方法、また蝶の観察から撮影に至る一連の流れなどをご教示いただけたことで、写真撮影の幅が広がったと思っています。

　子どもの頃に見ていた蝶たちは、今はどのような状況なのかをしっかりと観察しながら撮影してきました。子どものときには「久米南美しい森」と「ビジターセンター」はなかったのですが、今はこのビジターセンターが私の撮影準備と休息の場所になっています。またここで生活をされている方々は、子どもの頃と変わらない素晴らしく美しい農地環境を維持されています。特にこの環境が絶滅危惧種のシルビアシジミを育むことに繋がっていると強く感じています。環境が保たれていることでたくさんの蝶々の写真を撮影することができました。これからも撮影に邁進していきたいと思います。

レンズを透して見える想い

　カメラを持って出掛けることは、何かを撮影して、その時を止めることなのではないでしょうか。

　私は蝶を写すことで、この蝶の世界の一部分を覗いているように感じ入ることもあります。それは私の心の感覚なのかもしれません。ファインダーを覗き蝶を見て追いかけ、構図、ピント、露出その他諸々の状況を決めてシャッターを押すその感覚は、ハンターの感覚なのかもしれません。その時その時で感じ方も満足感も全てが違います。その終わりのない感覚が撮影し続けることにつながっていて、同じ場所に何度も出かけられるほどの魅力となっているのでしょう。私にとって、カメラはその時の気持ちを写しているのかもしれません。

　今のご時世、好き勝手にどこでも入ることは許されません。人がいれば挨拶を交わし、できるだけ公共の場で撮影し、農地には入らないようにいつも心掛けています。久米南町での撮影は、私の暮らしている場所なので、近所の方々のご協力があればこその写真もあります。農地に入らせていただけたからこその写真もあります。感謝の気持ちで一杯です。これからもマナーを守って、自分の気持ちを込めて撮影を続けていこうと思っています。

　なお、この写真集の撮影地は久米南町が中心ですが、私の生活圏である下神目～三明寺の地域も含みます。

もくじ

春光

ツマキチョウ
このチョウは1年に1回、それも春にだけ
発生します。このチョウを撮影するために
何度も何度も通い、好みの写真が撮影でき
るまで頑張った思い入れの深いチョウです。
2021年3月29日

冬でも暖かい日であれば活動することがあります。3月も中下旬になれば本格的に活動を始めます。ファインダー越しに写した蝶たちには、ボロボロの翅、シミや色褪せた翅をもつものもあります。厳しい冬を乗り越え命を繋いでゆく姿は逞しく感じられます。

ウラギンシジミ

2月2日に見つけていましたが、改めて3月15日に撮り直しました。アセビの花が咲いていたので季節感が伝わるかなと思います。このようにしっかりと葉裏にしがみついた姿勢から、冬越しの様子がわかります。
2020年3月15日

すっかり暖かくなり、小川の淵に降りてわずかに翅を開いた雄です。色褪せた翅が力強く感じます。
2021年4月24日

テングチョウ

梅の花に吸蜜に来ていました。栄養をつけて
次世代へ繋いでもらいたいものです。
2017年3月19日

日光浴しています。2020年3月9日

エノキの新芽に産卵。2021年3月21日

スズシロソウの花で吸蜜。2020年3月26日

キタテハ
枯葉の上で日光浴。
2021年3月10日

スズシロソウで吸蜜。
2021年3月30日

アカタテハ

スローモーションのような動きで近づいて、桜の花
を背景に入れて写した思い出の一枚です。
2020年4月4日

桜の幹で様子を見てホトケノザで吸蜜。
2020年3月21日

ルリタテハ
谷川沿いで出会えた日光浴中の
個体を上から写せました。
2021年3月30日

日光浴しているところを
背後から撮影。
2021年3月26日

ヒオドシチョウ
テリトリーを張っているところです。
6月に羽化して夏を越し冬を耐えて生きぬいた姿。翅の傷みが長い時を感じさせます。2020年3月20日

桜の花に吸蜜に
訪れていました。
2021年3月23日

キタキチョウ
レンゲの花に吸蜜に来ていました。
2020年4月16日

スズシロソウの花に囲まれて
吸蜜していました。
2020年4月25日

ツマグロキチョウ

ヒメオドリコソウに吸蜜に来たところを
なんとか写せた一枚です。
2020年4月16日

イチリンソウ

スジボソヤマキチョウ

スミレの花に訪れたメス。この蝶は見かけることが非常に少ない蝶です。
年1回の発生で6月中頃に発生して冬を越し、春に次の世代へと代替わりします。
2019年3月31日

枯葉の上を飛ぶオス。オスの翅表は
レモンイエローが特徴。
2021年3月15日

ヒメオドリコソウから飛び立つ
瞬間を写せました。
2021年3月17日

枯葉の上で休んでいるメス。
2021年3月27日

ヒメオドリコソウで
吸蜜しているオス。
2021年3月15日

ムラサキシジミ
日光浴に出てきてくれました。
2021年4月21日

産卵の途中で樫の葉上で翅を
開いて休むメス。
2021年4月22日

新しく羽化（成虫）する蝶について

このページ以降は全て新しく羽化
した蝶を撮影したものになります。
早春から姿を見せる蝶、身近な蝶
や滅多に見られない蝶、年に1回
しか発生しない蝶などを季節の流
れに沿うように掲載しています。
また私的な好みを特集した写真も
挿れています。

ベニシジミ
名前のとおり翅が紅色のシジミチョウ。
手前のボケているのは土筆です。
2021年3月27日

背景の桜の花で季節がわかります。
2019年4月7日

タンポポの花に訪花。背景は桜。
2021年3月30日

翅を開いているオス。
2020年4月16日

ヤマトシジミ
連写で求愛から交尾まで
の様子。
2020年4月19日

枯れ草の上で休むオス。
2020年4月11日

ユキワリイチゲ

カタバミの花で吸蜜。
2020年4月27日

ツバメシジミ

メスの翅表。光の状況で輝いています。
2017年4月29日

ヤマルリソウ

サクラ

スズシロソウの花で吸蜜。
2021年4月15日

ルリシジミ
吸水しているところでしばらく様子を見てい
ると翅を少し開いてくれました。
2021年3月10日

滲み出している水を求めて
吸水していました。
2021年3月10日

二頭集まって吸水していて微笑ましかったです。
2021年3月10日

オオイヌノフグリの花
の上で蜜を求めて歩く。
2021年3月23日

翅を全開にして日光浴するオス。
2021年3月22日

トラフシジミ

やっとの想いが叶い出会えました。ずっと見つけることができず
未だ撮影もできていなかったチョウが現れた時は心が震えました。
脅かさないように慎重に近づいて写せた写真です。連写しました。
2021年4月11日

フジ

谷川の石に付いた苔に吸水に訪れていました。
2021年4月24日

コツバメ

目の前にチラチラと飛んで降りて来ました。
目の高さ位に止まってくれたので背景が綺麗
にボカせました。
2021年4月7日

テリトリーを張っていました。
2020年3月21日

モンシロチョウ

タンポポの花に吸蜜に来たところを
青空に抜いて写すことができました。
2021年3月10日

よく知られたチョウですから少し
寒い時の状態を写してみました。
2021年3月8日

モンキチョウ
春たけなわな感じを出したくて
カラスノエンドウに訪花したと
ころを撮影しました。
2020年4月19日

広く名前を知られるチョウなので
早春の雰囲気を出してみました。
2021年3月10日

ツマキチョウ
レンゲの花に訪花しているメス。
2020年4月25日

やや広角のレンズを使い環境を
背景にしてみました。
2021年4月26日

ツマキチョウ
生息している環境を入れて写してみました。
2020年4月20日

スズシロソウの花畑を背景にして写しました。
2021年4月21日

スズシロソウの花畑で吸蜜するオス。
2021年3月30日

レンゲの花から飛び立つ場面を
捉えられました。
2021年4月9日

ヒメオドリコソウの吸蜜から離れ
た場面を上手く捉えられました。
2021年4月9日

スジグロシロチョウ
アブラナ科の花に訪花していました。
2020年4月19日

ヒメオドリコソウに吸蜜
に訪れていました。
2021年3月26日

スズシロソウの花から花へ飛ぶようす。
2021年4月9日

羽化間もないと思ます。陽射しを
受け温まっているようです。
2017年3月19日

ヤマトスジグロシロチョウ
ヒメオドリコソウに吸蜜に来ている個体にちょっかいを出す様子。
2021年3月27日

キランソウの花に訪花。
2020年3月26日

偶然に見つけられたメス。
2021年4月3日

飛んでいるところを連続で。
2021年4月9日

背景に若草の感じを入れて写しました。2017年4月17日

ヒメウラナミジャノメ
オカオグルマの花に訪花していました。2021年4月19日

背景に若草の感じを入れて写しました。2017年4月17日

紅葉の花に訪れていました。2020年5月5日

花粉をたくさん付けて一休みのところ。2017年5月7日

ミヤマセセリ

枯葉の上で休んでいるメス。2021年3月29日

日光浴をしているオス。2021年3月29日

コチャバネセセリ
日光浴をしています。
2021年4月21日

2021年4月24日

ユキワリイチゲ

イチリンソウ

風光る

偶然を連写しているところへミヤマカラスが
飛び込んできたのだけれども、私自身はまっ
たく気づいていなくて、データを見直し
て初めて気がついた写真です。二度と写せ
ないだろうと思っています。

ミヤマカラスアゲハ（左）
アオスジアゲハ

偶然、本当に偶然の出来事でした。アオス
ジを連写しているところへミヤマカラスが
飛び込んできたのだけれども、私自身はまっ
たく気づいていなくて、データを見直し
て初めて気がついた写真です。二度と写せ
ないだろうと思っています。
2021年5月11日

サカハチチョウ

綺麗に写せて嬉しい一枚です。春に現れる個体と夏に現れる個体は別の種類のように見えます。
2021年4月20日

2021年4月15日

ヒメオドリコソウにとまり、日光浴をしています。
2021年4月15日

2021年4月22日

2021年4月24日

2017年4月30日

サカハチチョウ
飛びはじめから連続撮影できました。
2021年4月15日

コミスジ
よく見かけられるチョウです。
特に林道沿いに多く見られます。
2021年4月30日

私を気にしているように見える
一枚です。
2021年4月24日

2021年5月 9 日

イチモンジチョウ
地面から滲み出た水などによく訪れます。
2021年5月26日

2019年5月26日

ウツギの花に訪花。
2020年6月7日

湿ったコケで吸水し
ていました。左はコ
チャバネセセリです。
2021年5月26日

アサマイチモンジ

よく飛ぶので、ゆっくり見ることは難しいチョウです。

2019年5月26日

ウツギで吸蜜し
ていました。
2021年5月28日

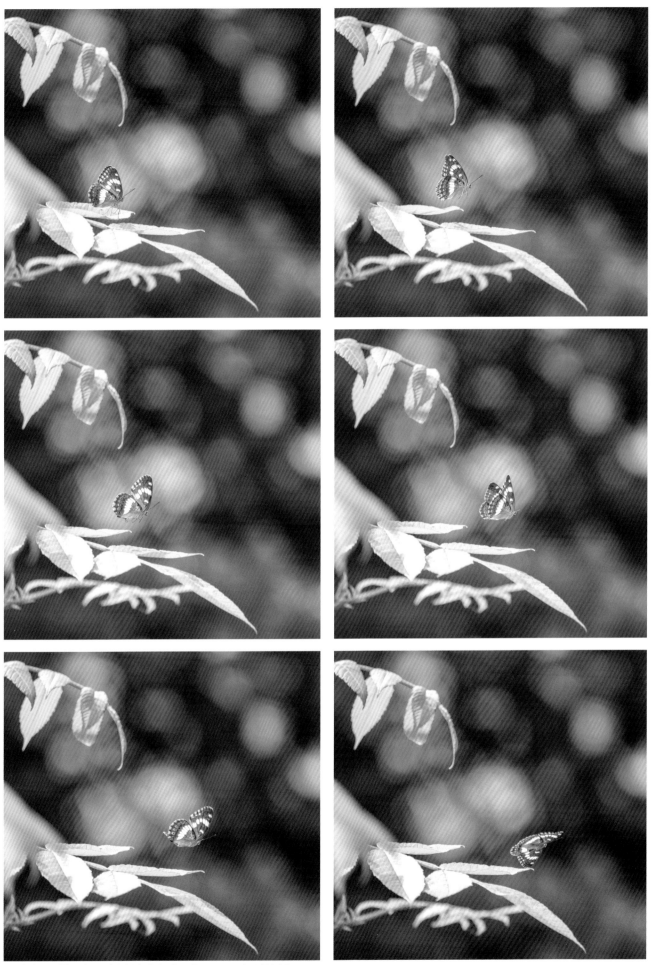

飛びだしの様子を上手く捉えられました。2021年5月22日

クモガタヒョウモン
あまり多くはないチョウです。
アザミの花によく訪れます。
2021年5月11日

飛翔中のオスが連続して撮影できました。
2021年5月11日

2021年5月11日

2021年5月13日

2017年4月30日

サトキマダラヒカゲ
明るい林、民家の側など普通に
見かけられます。
2019年5月3日

2021年5月8日

ヒカゲチョウ（ナミヒカゲ）

明るく少しひらけた林や林縁にいます。

2021年5月26日

2021年5月28日

クロヒカゲ
明るい日陰を好む普通に見かけられるチョウです。
2020年5月24日

2021年5月25日

目状紋のまわりの紫色がしっかり写せました。
2021年5月29日

コジャノメ（春型）

普通に見ることができるチョウです。2020年5月22日

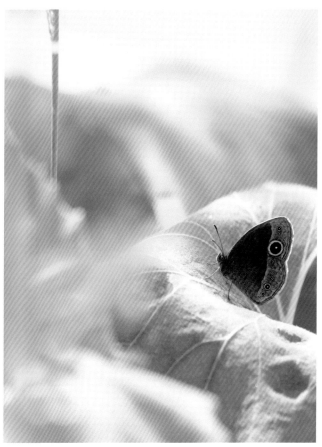

2021年5月9日

2021年5月6日

2021年5月15日

ヒメキマダラセセリ

少し日陰になる林縁に居ることが多いセセリチョウです。

2021年5月13日

2021年5月14日

ダイミョウセセリ

林縁の田畑でよく見かけられるセセリチョウです。
2016年6月5日

普通は翅を開いていますが、日差しが強いときは、翅を閉じることがあります。2021年5月6日

テリトリーを張っているところです。2020年5月17日

2021年5月19日

アオバセセリ
見かけることの少ないセセリチョウです。
2021年5月10日

2021年5月10日

グミの花によく訪れます。すばやく撮らないと、
あっという間に飛び去ります。
2018年5月6日

2016年5月4日

アゲハ（ナミアゲハ）

よく知られているアゲハチョウです。4月中頃から見かけられます。

2021年5月11日

2019年5月6日

2019年5月6日

アオスジアゲハ
5月初めくらいから姿を現す、比較的見ることの多いチョウです。
2017年5月21日

2021年5月11日

2021年5月11日

谷川沿いで吸水していました。
2021年5月3日

ジャコウアゲハ
5月初め頃から見られます。明るい田畑やその林縁で見かけます。
2017年5月21日

2015年5月6日

ウマノスズクサへ産卵しています。2020年5月24日

2020年5月25日

クロアゲハ
5月初め頃から現れ色々な花を
訪れオスは吸水する姿も見かけ
られます。
1メスに2オスが求愛行動をし
ています。
2017年5月14日

2021年5月29日

サツキの花に訪れたメス。
2017年5月14日

吸水に訪れている2オス。
2021年5月3日

オナガアゲハ

吸水に訪れたオス。4月下旬から現れます。比較的林内のやや暗いところを好みます。2021年4月30日

2021年5月10日

2016年5月15日

夕暮れでしたから、この日は多分この場所で眠るのだと思います。
2020年5月17日

カラスアゲハ
5月上旬から見かけられます。
2017年5月22日

2015年5月17日

道路脇で吸水していました。車が行き交う隙間での撮影でした。
思い出深い一枚です。
2018年5月3日

2016年5月8日

数少ない飛んでいるところです。
メスだったのが嬉しいです。
2020年5月22日

カラスアゲハ

うまく翅の輝きが出てくれました。
2021年5月19日

吸水に来ているカラスアゲハ（左）
とオナガアゲハ。
2021年5月8日

ミヤマカラスアゲハ
4月末ごろから見られます。
アザミの花で吸蜜するメスです。春に現れる個体は特に美しい翅を持っています。
2017年5月22日

ミヤマカラスアゲハ
裏面も特徴的です。
2021年5月11日

2021年5月11日

少し近寄るとすぐ逃
げてしまいます。
2019年5月4日

2021年5月11日

モンキアゲハ
5月中頃から見られます。白い紋
が目立つので見つけやすいです。
2017年5月21日

いきなり目の前に現れて、慌てて
シャッターを押した一枚です。
2020年5月15日

2021年5月13日

2021年5月11日

アゲハの集団吸水
左からクロアゲハ（2頭）・カラスアゲハ・オナガアゲハ。
2021年5月8日

タツナミソウ

風薫る

スミナガシ（左）
ゴマダラチョウ

数日前にゴマダラチョウを見かけていたの
で、再度満足度の高い写真をと思い出かけ
たところ嬉しい出会いがありました。驚か
さないよう草陰に隠れながら慎重に近付い
て撮影した思い出の一枚になりました。
2021年5月28日

ゴマダラチョウ

5月中頃から見られます。樹液に集まることが多いです。
春に発生する個体は裏面が白いものもいます。
2021年5月25日

白の模様が多いタイプです。
2021年5月23日

2021年5月23日

スミナガシ

樹液に吸汁に来ていました。なかなか出逢えないチョウです。

2021年5月25日

驚いて葉裏に隠れたとこ
ろです。ストロボを使用
して何とか撮影しました。
2020年6月5日

なんど逃げられても待って待って撮った一枚です。
2021年5月28日

メスグロヒョウモン

5月下旬から見られます。オスとメスが違う種類に見えるチョウ。
ウツギに訪花したオス。
2021年5月29日

葉上で休むメス。
2020年6月20日

アザミの花で吸蜜するメス。
2019年6月3日

リョウブの花で吸蜜するオス。
2018年7月2日

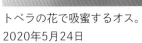

トベラの花で吸蜜するオス。
2020年5月24日

2021年5月28日

ミドリヒョウモン

林縁で見られる。個体数は少ない。
ネズミモチの花に訪花。
2020年6月20日

2015年6月6日

2020年6月14日

2020年6月14日

ウラギンヒョウモン
明るい草原に6月ごろから見られます。
2021年6月19日

2021年6月19日

ヒオドシチョウ
5月末から見られます。
2021年5月30日

2018年6月10日

ヒオドシチョウ

2020年6月13日

キタテハ (夏型)

冬を越した親から新生虫として生まれてくるのが
夏型になります。
栗の花で吸蜜していました。
2018年6月10日

2020年5月27日

コムラサキ

あまり見ることができないチョウです。
2018年6月3日

2019年6月1日

ホシミスジ
時々見られるチョウです。
2021年6月2日

2021年5月28日

ミスジチョウ
滅多に見ることがないチョウです。
紅葉に産卵にきたところを撮影できました。
2021年6月8日

2021年6月8日

ヤマトスジグロシロチョウ (夏型)

2020年6月19日

2020年6月21日

スジグロシロチョウ (夏型)

交尾拒否の様子です。左がオスで、メスは翅を開いて
腹部を上げて拒否をします。
2021年6月13日

2020年6月20日

スジボソヤマキチョウ
見かけることが稀なチョウです。
一緒に居合わせた友人が見つけ
てくれました。
2021年6月6日

2021年6月6日

ベニシジミ（夏型）
暑い季節になると翅の表が日焼けしたように黒ずみます。
2020年6月20日

2021年6月19日

ヤマトシジミ
綺麗に撮影できた小雨の日。
2021年5月16日

メス。羽化して間もないと思われます。
2021年6月19日

ツバメシジミ
2019年6月17日

オス。2018年6月10日

ルリシジミ

見下ろしてルリシジミを写せるこ
とは滅多にないです。しかも翅を
開いたところなど満足の一枚です。
オス。2021年6月5日

メス。
2020年6月19日

ゴイシシジミ

生まれたてのようなメス個体です。

2021年6月3日

2021年5月25日

オオチャバネセセリ
よく見られるセセリチョウになります。
ウツボグサで吸蜜していました。
2021年6月19日

2020年6月19日

2019年6月16日

キマダラセセリ

小さくて素早く飛ぶので見失いやすいセセリチョウです。
交尾を撮影できました。
2019年6月23日

2019年6月23日

2020年6月21日

2019年6月16日

ゼフィルス

蝶が好きで、少し種名などを調べて名前などが
分かってくると、このゼフィルスの仲間たちに
興味を持つようになり、その魅力の虜になって
しまうシジミチョウです。だから『ゼフィルス』
だけの特集写真を見ていただきたくなりました。

ゼフィルス（Zephyrus）は、ミドリシジミ族の総称。樹上
性のシジミチョウの一群であり、日本には25種類が生息す
る。分類学のレベルが低かった時代に、樹上性のシジミチ
ョウの仲間を総括してZephyrusと呼んでいたのが始まりで、
語源はギリシャ神話の西風の神ゼピュロス。（参考：
Wikipedia）

メスアカミドリシジミ
2021年6月1日

ミズイロオナガシジミ

裏面の綺麗なシジミチョウ。見かけると
つい写してしまいます。
2015年6月6日

2019年6月9日

2021年6月9日

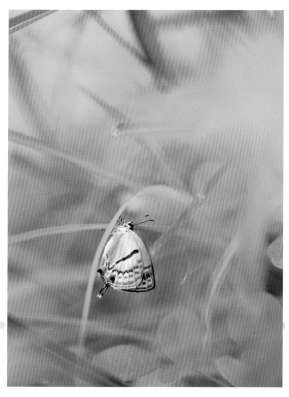

2019年6月9日

林内で見つけたました。広角レンズ
を使って写しました。
2019年6月17日

ウスイロオナガシジミ
撮影地ではよく見られます。
2016年6月5日

2015年6月6日

2019年6月1日

2018年6月3日

2021年6月2日

ウラナミアカシジミ

裏面が特徴的で数少ないシジミチョウです。

2019年6月2日

2015年6月6日

2019年6月2日

アカシジミ

5月末から見られます。なぜか見つけたらホッとしてしまいます。

よいところへ止まってくれ環境も写せました。

2019年6月3日

2019年6月3日

2019年6月3日

ウラジロミドリシジミ

個体数が多くないので出会えると嬉しいチョウです。
じっと待って翅が開いたところを撮影しました。濃いブルーが美しいです。
2016年6月4日

2019年6月9日

2020年6月8日

ヒロオビミドリシジミ

早起きして下草の中を探していると目に入り、そーっと近寄り撮影した一枚です。

2019年6月9日

前ページからの続きでいきなり向きを変えて、
翅、半開き。慌ててシャッターを押した一枚。
2019年6月9日

またまた向きを反転して大きく
翅を開いてくれたので、またし
ても慌てて写した思い出の一枚
です。
2019年6月9日

ヒロオビミドリシジミ
オスの生き生きした雰囲気が出せた一枚と
思っています。
2019年6月9日

綺麗なメスも見つけられました。
2019年6月9日

クロミドリシジミ

くぬぎの木を揺らしたら出てきてくれました。よ
いところに止まってくれたので写せた一枚です。
2019年6月16日

クロミドリシジミ
前ページ個体の裏面をアップで撮影しました。
2019年6月16日

久米南で撮影できるとは思っていませんでした。
2018年6月10日

メスのアップです。赤い模様と長い尾状突起が魅力的です。2017年6月18日

メスアカミドリシジミ
スローモーションを見ているようにゆっくり降りて目の前に止まってくれた、忘れられない一枚です。
2021年6月1日

テリトリーを張る姿は
逞しく感じます。
2021年6月5日

オスがテリトリーを張り合っている
ところです。延々とつづきます。
また久米南でこのようなところが見
られるとは思いもしませんでした。
2021年6月2日

2021年6月5日

ウラゴマダラシジミ

翅表の上品な色合いは絶品だと、いつも思います。
見つけたよと呼ばれて写せた写真です。なかなか出逢え
なく、諦めかけかけていた時のことでした。
2021年5月29日

2021年6月2日

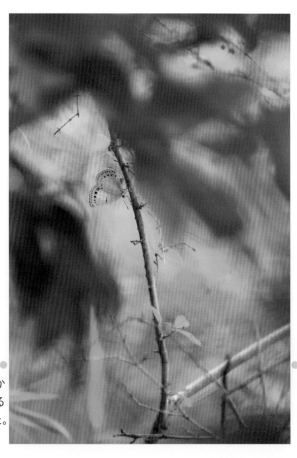

日陰になるところを飛ぶのでもしか
したらと思っていたら産卵している
と思われるところを撮影できました。
2020年6月6日

ウラミスジシジミ（ダイセンシジミ）

見つけることが難しいチョウです。特徴のある模様が目
に入った時は、いつも突然でびっくりしてしまいます。
2018年6月18日

ササユリ

蝉 時 雨

ヤマトスジグロシロチョウ
私の見立てではヤマトスジグロだと思って
いますが、スジグロシロかもしれません。
なかなか止まらないので座って待ってじっ
と動かないようにして写しました。見つけ
た時には2頭吸水していたのですが、1頭
は私に気付いたのかすぐに飛び去ってしま
い、残念！ それでも慎重に撮影した一枚
になりました。
2021年7月21日

ルリタテハ
翅を開くと鮮やかな瑠璃色のラインが美しい
チョウです。樹液によく集まります。
2021年8月8日

2018年6月17日

コムラサキ
2015年8月2日

樹液によく訪れるチョウです。
2015年8月2日

オオムラサキ

オオムラサキは私の大好きな蝶です。6月下旬頃からクヌギやナラ類などの樹液に集まる姿を見かけます。観察していると色々な行動をして楽しませてくれます。格好よいところもあれば、面白く感じる場面もあり、頬を緩ませてくれることもしばしばです。表紙の写真もその行動の一つです。私の中ではお見合いと勝手に称しています。また国蝶と呼ばれているだけあって堂々とした姿や空を滑空する姿には威厳さえ感じられます。

オオムラサキは、チョウ目タテハチョウ科に分類される蝶の1種。日本の国蝶。本種は最初に日本で発見され、属名のSasakiaは佐々木忠次郎に献名された。(参考：Wikipedia)

オオムラサキ
2018年6月18日

オオムラサキ
左がメス。お見合い
のように見えます。
2018年7月2日

樹液に訪れ吸汁に翅を開閉しなが
ら向かうところを撮影しました。
2019年6月23日

スズメバチに対して翅でたたいて
邪魔をするところです。
2018年6月18日

2019年6月23日

● **オオムラサキ**
● テリトリーを張るオス。
● 2018年6月18日

下から写したテリトリー
を張るオス。
2018年6月18日

樹液の出ている場所を巡る蜂との
せめぎあいだと思います。
2020年6月28日

樹液に向かう途中のメス。
2016年7月3日

スミナガシ

樹液の出ている木の側で来るかな？と想いながら待ち続けて、
ついに現れたので追いかけて撮影できた思い出深い一枚です。
2015年8月2日

サカハチチョウ (夏型)
春型とは別の種類かと思われる違いが
現れるチョウです。
2020年7月19日

2021年7月31日

2021年9月4日

イチモンジチョウ
2020年7月20日

2020年7月20日

コジャノメ (夏型)
春型に比べて目状紋が大きくなります。
2021年8月10日

2021年8月15日

ヒメジャノメ
コジャノメと間違えやすいです。
2021年6月20日

2021年6月26日

ヒメジャノメ
コジャノメと間違えやすいです。
2021年8月16日

クロヒカゲ

2018年8月20日

神社の石碑に止まったのでゆっ
くり近づいて広角レンズで撮影。
2021年8月9日

ヒカゲチョウ（ナミヒカゲ）
林縁でよく見られるチョウです。
2018年8月20日

2021年6月17日

サトキマダラヒカゲ
明るい林内でよく見られます。
2021年7月26日

サトキマダラヒカゲ
明るい林内でよく見られます。

2021年7月31日

ヒメウラナミジャノメ

低い草原を弾むように飛んでいるチョウです。

2021年8月12日

2021年8月1日

ジャノメチョウ
明るい田畑に見られます。
2021年6月21日

2021年6月26日

ヒメキマダラセセリ

2021年8月15日

2021年8月20日

求愛行動をしています。2021年8月20日

ダイミョウセセリ
2021年7月24日

ユウスゲ

ダイミョウセセリ

2021年8月15日

オオチャバネセセリ
2017年8月20日

2017年8月13日

40-150proレンズに2倍テレコンを付けて
写しました。
2019年8月13日

キマダラセセリ
2015年8月23日

2021年6月26日

キマダラセセリ

ムラサキシジミ
産卵行動をしていたので暫く見ていると
予想どおり翅を開いてくれました。
2021年8月15日

2021年8月10日

ウラギンシジミ

オスの翅表は赤くなります。
2021年8月15日

藤の新芽に産卵行動し
ていました。メスの翅
表は白くなります。
2021年6月17日

ゴイシシジミ

笹のアブラムシのいる葉に止まりました。
2021年8月13日

2021年6月12日

2021年8月15日

ベニシジミ

2021年8月20日

広角レンズで環境を入れてみました。

2021年8月21日

2021年8月23日

ヤマトシジミ
2021年7月1日

2021年8月16日

翅の黒い帯が太い夏型のオス。
2021年8月20日

ツバメシジミ
2021年8月23日

2019年8月19日

2021年8月15日

アオスジアゲハ

2021年8月21日

2021年8月21日

ミヤマカラスアゲハ (夏型)

クサギの花に吸蜜に訪れていましたが、一休みするためか降りてきて止まったオスです。
2020年9月1日

少し遅めの発生なのか、あまり傷みのないメスが写せました。
2020年9月19日

モンキチョウ

2021年8月23日

オニユリ

キタキチョウ

2021年8月20日

崖の赤土にミネラルを求めて集まっている様子です。

2021年8月21日

2021年8月10日

スジグロシロチョウ

2019年8月13日

2021年7月15日

カワラナデシコ

タカサゴユリ

キツネノカミソリ

ネジバナ

ツリガネニンジン

白 露

イシガケチョウ
9月中旬から幼虫を見つけて観察を続けて
いました。そして蛹を見つけて羽化前から
ずっと毎日のように通い続け、今か今かと
蛹をレンズ越しに見つめ、羽化の瞬間から
撮影できました。その中の一枚を使ってい
ます。
2021年9月25日

アゲハ（ナミアゲハ）

2021年9月9日

ジャコウアゲハ

2020年9月19日

キアゲハ

2020年9月19日

2020年9月19日

ヤマトスジグロシロチョウ

2020年9月22日

2020年9月22日

キタキチョウ

蛹から羽化して間もない個体を、風景を入れて写しました。
2021年10月6日

羽化間近の蛹に捕まろうとするオス。蛹はメスかもしれません。
2020年9月21日

2021年10月4日

ツマグロキチョウ (秋型)
2021年9月29日

2021年9月29日

2021年10月14日

スジボソヤマキチョウ
夏眠から覚めてセイタカアワダチソウで吸
蜜していました。
2018年10月15日

2021年9月27日

センダングサの吸蜜から飛ぶ様子を連写しました。
2021年10月2日

キタテハ (秋型)
2021年10月撮影

2021年11月1日

2021年9月25日

アカタテハ
30ミリマクロレンズで近づいて写しました。
2021年9月4日

2021年9月5日

ヒメアカタテハ
最後まで撮影できていなかったので、写すことができて一安心しました。
2021年11月9日

ヤナギハナガサ（サンジャクバーベナ）に吸蜜に訪れていました。
2021年11月9日

ツマグロヒョウモン

イタドリの花で吸蜜するオス。
2021年9月12日

産卵の様子です。2019年9月16日

2021年10月3日

イシガケチョウ
2年もの間撮影を続けたチョウになりました。吸水に訪れていました。
2021年9月30日

羽化した後の飛ぶ前の様子です。
2020年10月18日

イシガケチョウ

羽化の様子の連続写真になります。蛹から出ています。

2021年9月25日

翅を伸ばしています。

2021年9月25日

蛹に捕まり翅を乾かしています。

2021年9月25日

翅を少し開き、乾き具合を計っているようです。

2021年9月25日

アサギマダラ

旅する蝶で知られていますが、久米南町ではあまり見
かけないので、撮影できるかどうかと思っていました。
2021年10月15日

2021年10月15日

クロコノマチョウ（秋型）
熟した柿の実に吸汁に訪れたところです。
2021年10月26日

落ち葉に紛れるように止まっています。2021年10月17日

テングチョウ
無事に冬を越して欲しいですね。
2021年10月31日

2021年10月31日

ウラナミシジミ
2021年10月6日

2016年10月1日

蕎麦の花の上で翅を開くメス。
2016年10月1日

2021年10月7日

2020年10月11日

エノコロ草の穂の上で翅を開くオス。
2020年11月1日

ムラサキシジミ

2020年11月1日

2020年11月1日

ヤマトシジミ
背後からのぞき込むように
して写しました。
2019年10月22日

2016年10月16日

夜露を被って朝を迎えたところです。
2021年10月27日

2021年9月9日

ツバメシジミ
2021年9月6日

2021年9月6日

ベニシジミ
2021年10月13日

2021年10月15日

朝を迎えた状態です。
2021年10月27日

ウラギンシジミ
2021年9月10日

2021年10月4日

ゴイシシジミ
2021年9月22日

2021年10月7日

イチモンジセセリ

2021年10月2日

2020年10月11日

チャバネセセリ
見かけることはあっても、なか
なかファインダーに捉えられな
いチョウでした。
2021年10月19日

2021年10月19日

特集

シルビアシジミ

シルビアシジミは春から秋まで姿が見られ、私の生活しているすぐ近くに生息しています。このシルビアシジミが生きていく上では、よく手入れをされている農地が欠かせません。この環境を守れるように、できることをしていきたいと思っています。

シルビアシジミ

◆分類：シジミチョウ科
◆環境省レッドリストランク：絶滅危惧IB類
◆基本情報：はねを広げると2cm程度の小型のチョウで、関東から九州南部にかけて局所的に分布しています。草丈の低い、開放的な草原環境を好み、成虫は4月から11月頃まで5～6回発生し、成虫の寿命は2～4週間程度です。もともと里地里山や平野部などの人間生活に近い場所に生息していたため、土地開発によって大きな影響を受け、全国的に著しく減少しています。

(環境省ホームページより)

シルビアシジミ
2021年9月2日

シルビアシジミ (春)

2017年4月29日

2021年4月14日

吸蜜しているところにチョッカイを
出しているところです。
連写写真です。2020年4月28日

シルビアシジミ（初夏）
2021年7月1日

2016年6月27日

シルビアシジミ (夏)

2021年7月1日

2017年8月15日

2015年8月16日

コマツナギへ産卵。
2019年8月19日

2019年8月19日

2019年8月25日

シルビアシジミ（秋）

2021年10月13日

2021年9月2日

2021年9月2日

交尾しています。2021年9月4日

2021年10月13日

2021年10月2日

ウラナミアカシジミ

ヒロオビミドリシジミ

『蝶遊撮影記 くめなんの蝶』の出版によせて

　岸清巳さんのご自宅は、『久米南美しい森』の近くにあります。私の家からは、約
1時間かけて行かないと見られない魅力ある蝶たちの生息地です。蝶好きの私にと
っては誠に羨ましい贅沢な環境です。周辺は草刈りなど手入れがされて、時代を引
き継ぎ美しい風景が維持されていて、いつ訪れても心が癒されます。岸さんも、そ
の風景の中の一員である蝶たちにスポットをあて、美しい写真集を完成されました。

　岸さんとの出会いは、今から46年前（1976）のことで、高校1年生の頃だと記憶
しています。当時、岡山県内の中で、久米南町からは蝶の記録がほとんど残されて
なく、早くから蝶の採集のメッカとなっている総社市、高梁市、新見市、県北部の
恩原高原、蒜山高原などとは異なり、言わば調査の空白地域といった感じでした。

　そんな時代に、弟さんと友人の3名で自宅を中心に採集を始めて、ウラゴマダラ
シジミ、ウラジロミドリシジミ、ヒロオビミドリシジミ、クロシジミ、シルビアシ
ジミ、ミスジチョウ、オオムラサキ、ミヤマチャバネセセリなど、今でも注目すべ
き種をまとめ、『久米郡久米南町の蝶類22種について』と題して倉敷昆虫同好会の会
誌『すずむし第113号・1976年12月発行』に発表して注目されました。

　このことが契機となり、私も度々久米南町を訪れるようになりました。特にシル
ビアシジミには夢中になり、羽化の撮影に8時間待ち続けて撮れなかったことを、懐
かしく思い出します。

　その後、お勤めの関係で蝶から離れていましたが、近年蝶の写真撮影で復帰され、
長い間蝶の写真を撮ってきた私としては、楽しみを共有でき、お互いに良い刺激に
なりました。

　岸さんは、地元の蝶の写真集出版を目標とし、特に定年退職されてからは、毎日
蝶との新たな出会いを求めて、久米南町の美しい森を中心に撮影をしてこられまし
た。私に届く日々の報告からも、この写真集に向けての意気込みが手に取るように
感じられました。

　久米南の『蝶たちの讃歌』ともいえるこの写真集を、多くの方々に見ていただき、
蝶を自分たちと同じ生き物として、その中の一つに加えていただければ、自然を見
る目も変わってくるでしょう。本書が少しでもそのお役に立てれば嬉しく思います。

　『蝶遊撮影記 くめなんの蝶』の出版を岸清巳さんと共に喜び、心からお祝い申し
上げます。

2022（令和4）年3月吉日　　　　　　　　　　　　難波　通孝

久米南町中籾の美しい風景。この場所は、アゲハチョウの仲間（オナガアゲハ・カラスアゲハ・モンキアゲハなど）
が多く見られて、蝶たちのパラダイスとなっていました。（2016.5.18）

岸さんの案内で何回も訪れた久米南町上籾（鉱山跡地）で撮った写真です。サカハチチョウの新鮮な個体でした。
この日もご一緒させていただきました。（2021.04.15）

久米南町と私

　そもそも、訪れるきっかけは共通の撮影仲間であり良き先達者である難波通孝氏の岡山の蝶（96年山陽新聞社発行）を見て、シルビアシジミを撮影に出掛けた97〜98年秋が最初のこと。

　まず久米南町、特に岸さんのご実家あたりの方々の人柄が頗る良い、優しい、おおらか、コレに尽きる。

　その後、難波氏を介して岸さんと知り合い、年齢も近くまたまた頗る人柄も良いので訪れる頻度が増した。近年はほぼ毎年１〜２度は訪れ結構長く滞在している。

　また人柄だけでなく蝶種も豊富で、飽きさせない魅力がある。それもコレも、地元の方の田畑に対する真摯な愛情の賜物。田畑が整っていれば周りの自然環境も維持され、蝶や虫類にとっても良い環境となり得、またまた、しいてはその虫を撮影する僕にとっても良い環境もしくは楽しめる土地柄と化す。

　そんな風土に育まれた岸清巳さん初の蝶の写真集、期待しないわけにはいかないと、刷り上がるのを楽しみにしている私である。岸さん頑張ったね！

　2022（令和４）年３月吉日　　　　　　　　　小笠原隆文

taka` 2021_April.10.

おわりに

　私が蝶の写真撮影を始めて8年近くになりますが、学生の頃と比較して現在に感じるのは、目にする蝶の数が少なくなっていることです。環境破壊、地球温暖化による気候変動が大きといわれる昨今ですが、蝶に限らず、昆虫の減少は、それを捕食して命を繋いでいる鳥などの生き物たちにも影響を与えていると思います。しかし私たちも便利な暮らしを送っていきたいので、バランスを保ちながら多様性のある地元を大切に、末長く生活していこうと思います。

　還暦になり仕事を卒業して、望んだことができるのは大変幸せなことだと思います。この久米南町に生まれて、恵まれた環境があり、それを巧く活用できたこと、また撮影に地元の方々のご好意、ご協力を頂けたことに大変感謝しております。見かけたけれど撮影できなかった蝶もいます。これは心残りで、また次への課題となりました。この写真集には73種類の蝶を掲載することができました。自然の中での撮影は、私にとって一期一会の出会いです。また蝶を見ることで、一生懸命に生きる力を与えてもらっている感覚もあります。

　徒歩で撮影に出掛けられる地元は、じっくり腰を据えて撮影に挑めるので、その瞬間の自然の営みを切り取ることのできた写真もあります。ずっとこの営みが末永く続くことを願います。

　最後に、ご寄稿いただいた難波様と小笠原様、そして出版に御協力いただいた吉備人出版の山川様はじめスタッフの皆様に厚く御礼申し上げます。

カメラの機材について

メーカー：オリンパス（現在はOMデジタルソリューション）
　　　　ボディ：OMD-EM1MII／EM1MIII
　　　　レンズ：60ミリマクロプレミアム
　　　　　　　30ミリマクロプレミアム
　　　　　　　75ミリプレミアム／17ミリpro／12-40ミリpro
　　　　　　　12-100ミリpro／40-150ミリpro／300ミリpro
　　　　　　　テレコンバータMC14／MC20
　　　　　　　ストロボも使用しています

著者プロフィル

岸 清巳（きし・きよみ）

　1960年3月19日生まれ。子どものころに昆虫採集を始め、2013年春から蝶の撮影をスタート。カメラで生態を写すようになった。

〒709-3623　岡山県久米郡久米南町中籾748

（2019年6月3日難波通孝氏撮影）

蝶遊撮影記 くめなんの蝶

2022年3月19日発行

著　者　岸 清巳

発　行　吉備人出版
　　　　〒700-0823 岡山市北区丸の内2丁目11-22
　　　　電話 086-235-3456　ファクス 086-234-3210
　　　　ウェブサイト www.kibito.co.jp
　　　　メール books@kibito.co.jp

印　刷　株式会社三門印刷所

製　本　株式会社岡山みどり製本